AF291618

Die Erfindung
der Geister

Spuk, Schreck und Grusel

Eine Betrachtung

von

Lutz Spilker

DIE ERFINDUNG DER GEISTER – SPUK, SCHRECK UND GRUSEL

Bibliografische Information der Deutschen Nationalbibliothek:
Die Deutsche Nationalbibliothek verzeichnet diese Publikation in der Deutschen Nationalbiblio-
grafie; detaillierte bibliografische Daten sind im Internet über http://dnb.dnb.de abrufbar.

Softcover ISBN: 978-3-384-19450-3
Ebook ISBN: 978-3-384-19451-0

Druck und Distribution im Auftrag des Autors:
tredition GmbH, An der Strusbek 10, 22926 Ahrensburg, Germany

Die im Buch verwendeten Grafiken entsprechen den
Nutzungsbestimmungen der Creative-Commons-Lizenzen (CC).

Inhalt

Nur wenige Geister verstehen die göttliche Sprache.

Victor Hugo

Victor-Marie Vicomte Hugo (* 26. Februar 1802 in Besançon; † 22. Mai 1885 in Paris) war ein französischer Schriftsteller und Politiker.

Vorwort

Die faszinierende Reise in die Tiefen des menschlichen Bewusstseins und seiner kulturellen Manifestationen beginnt mit dem Titel dieses Buches: ›Die Erfindung der Geister‹. Der gewählte Titel mag auf den ersten Blick etwas rätselhaft erscheinen, doch er spiegelt die Ambivalenz und Vielschichtigkeit des Themas wider.

Während der nüchterne Untertitel ›Die Entstehung von Geisterphänomenen: Eine Untersuchung menschlicher Wahrnehmung und kognitiver Konstruktion‹ zweifellos treffender wäre, hat die Entscheidung für den einprägsamen Haupttitel ihre eigene Berechtigung.

Die Bedeutung des Begriffs ›Geist‹ erstreckt sich in der umgangssprachlichen Verwendung oft auf nicht materielle oder übernatürliche Wesen, sei es in Form von Gespenstern oder Verstorbenen. Die Vorstellung eines Geistes als unsichtbare, nicht physische Entität, die nach dem Tod eines Individuums fortbestehen könnte, ist tief in kulturellen und religiösen Überzeugungen verwurzelt.

Dieses Buch begibt sich auf eine Erkundungstour durch die unterschiedlichen Konzeptionen von Geistern in verschiedenen Kulturen, enthüllt ihre vielfältigen Facetten und beleuchtet die kulturellen Prägungen, die diese Vorstellungen formen.

Wichtig ist hervorzuheben, dass die Idee von Geistern vor allem auf Glauben und Kultur basiert und nicht durch wissenschaftliche Nachweise gestützt wird. In wissenschaftlichen Kreisen werden Phänomene im Zusammenhang mit Geistern eher als Teil der Folklore oder als Ausdruck kultureller Überzeugungen betrachtet. Diese nüchterne Perspektive ist Ausgangspunkt für die folgende Auseinandersetzung mit dem, was in der Alltagssprache als übernatürlich oder transzendent bezeichnet wird.

›Die Erfindung der Geister‹ lädt den Leser ein, einen wissenschaftlich fundierten, doch allgemeinverständlichen Blick auf die kulturellen Wurzeln, die psychologischen Mechanismen und die gesellschaftlichen Funktionen hinter der Vorstellung von Geistern zu werfen.

Auf dieser Entdeckungsreise werden wir uns dem Phänomen nähern, ohne es zu mystifizieren, und versuchen, Licht in die Schatten zu bringen, die unser Verständnis von Geistern umgeben. Willkommen zu einer Reise in die Tiefen menschlicher Vorstellungskraft und kultureller Prägung.

Die Faszination des Übernatürlichen

In der Geschichte der Menschheit gibt es kaum ein Thema, das so faszinierend und zugleich rätselhaft ist wie das Übernatürliche und insbesondere die Vorstellung von Geistern. Seit Jahrhunderten üben Geister und Gespenster eine unerklärliche Anziehungskraft auf die menschliche Vorstellungskraft aus, und diese Faszination reicht weit zurück in die Zeiten der Frühgeschichte.

Die Menschheit und das Unbekannte

Schon in den frühesten menschlichen Gesellschaften spielten Überzeugungen und Rituale im Zusammenhang mit Geistern eine bedeutende Rolle. Die Vorstellung von Geistern als Wesen, die zwischen der Welt der Lebenden und der Welt der Toten wandeln, war ein grundlegendes Element vieler Kulturen und Religionen. Frühe Zivilisationen, wie die alten Ägypter, die Mesopotamier und die Griechen, entwickelten komplexe Vorstellungen von Geistern und beteten ihre Vorfahren an, um Schutz, Führung und Unterstützung zu erhalten.

Der Einfluss von Religion und Mythologie

Religionen auf der ganzen Welt haben die Vorstellung von Geistern geprägt und in ihren Mythologien verankert. In vielen Kulturen werden Geister als Vermittler zwischen den Menschen und den Göttern betrachtet oder als Ausdruck übernatürlicher Kräfte, die das Schicksal der Menschen lenken können. Die Vorstellung von Geistern als Wächter der Natur, Beschützer von Orten oder Rachegeister hat sich in zahlreichen religiösen Traditionen niedergeschlagen und beeinflusst bis heute das kulturelle Erbe vieler Gesellschaften.

Literatur, Kunst und Folklore

Die Faszination für das Übernatürliche spiegelt sich auch in der Literatur, der Kunst und der Folklore wider. Schon in antiken Epen wie der ›Odyssee‹ von Homer oder den Dramen von Shakespeare finden sich Geschichten von Geistern und übernatürlichen Erscheinungen. In der Romantik des 19. Jahrhunderts erlebte das Interesse an Geistern eine Wiedergeburt, und Autoren wie Edgar Allan Poe und Mary Shelley schufen düstere und geheimnisvolle Werke, die von Geistern und dem Unheimlichen durchdrungen waren. Auch in der Volkskunst und den mündlichen Überlieferungen vieler Kulturen spielen Geister eine zentrale Rolle und werden oft als Erklärung für unerklärliche Phänomene herangezogen.

Die Moderne und das Paranormale

Auch in der modernen Welt bleibt die Faszination für das Übernatürliche lebendig. Die Popularität von paranormalen Untersuchungen, Geisterjagden und Horrorfilmen zeigt, dass das Interesse an Geistern und Gespenstern ungebrochen ist. Obwohl die Wissenschaft Fortschritte gemacht hat und viele Phänomene rational erklären kann, bleibt das Mysterium des

Übernatürlichen bestehen und fasziniert weiterhin Menschen auf der ganzen Welt.

Zusammenfassung

Die menschliche Faszination für das Übernatürliche und die Vorstellung von Geistern ist ein faszinierendes Phänomen, das tief in der Geschichte und Kultur der Menschheit verwurzelt ist. Von den frühesten Zivilisationen bis zur modernen Zeit hat die Vorstellung von Geistern die menschliche Vorstellungskraft beflügelt und bleibt ein faszinierendes und rätselhaftes Thema, das weiterhin unsere Neugier und unser Interesse weckt.

Die Anfänge des Glaubens an Geister

Der Glaube an Geister ist ein Phänomen, das so alt ist wie die Menschheit selbst. Schon in den frühesten Gesellschaften und Kulturen der Welt finden sich Spuren von Überzeugungen und Ritualen im Zusammenhang mit Geistern. Diese Ursprünge des Glaubens an Geister lassen sich bis in die Anfänge der menschlichen Zivilisation zurückverfolgen und sind eng mit den kulturellen Entwicklungen und dem Weltbild der jeweiligen Gesellschaften verbunden.

Frühzeitliche Vorstellungen von Geistern

In den prähistorischen Gesellschaften der Altsteinzeit lassen sich erste Hinweise auf den Glauben an Geister finden. Die frühen Menschen verehrten die Natur und die Elemente und glaubten an die Existenz von Geistern als Überreste verstorbener Ahnen oder als Manifestationen der Naturkräfte. Diese Vorstellungen von Geistern waren eng mit dem täglichen Leben und den Überlebensstrategien der Gemeinschaften verbunden und prägten ihre Rituale, Bräuche und kulturellen Traditionen.

Die Entstehung von Religion und Mythologie

Mit der Entwicklung von sesshaften Lebensweisen und der Entstehung von komplexen Gesellschaften entstanden auch die ersten organisierten Religionen und Mythologien. In vielen antiken Kulturen wurden Geister als Vermittler zwischen den Menschen und den Göttern betrachtet und spielten eine zentrale Rolle in den religiösen Vorstellungen und Riten. Die Sumerer, Babylonier, Ägypter, Griechen und Römer entwickelten komplexe Vorstellungen von Geistern und glaubten an ihre Fähigkeit, das Schicksal der Menschen zu beeinflussen.

Die Rolle von Geistern in der Kultur

Geister wurden nicht nur als göttliche Wesen verehrt, sondern auch als Teil des alltäglichen Lebens betrachtet. In vielen Kulturen wurden Geister als Schutzgeister von Orten, Familien oder Individuen verehrt und besänftigt, um Unglück abzuwenden oder Segen zu erbitten. Rituale und Opfergaben wurden dargebracht, um die Gunst der Geister zu gewinnen und sie in die Gemeinschaft einzubeziehen.

Transformation und Weiterentwicklung des Glaubens an Geister

Im Laufe der Geschichte haben sich die Vorstellungen von Geistern weiterentwickelt und transformiert, je nach den kulturellen, religiösen und sozialen Bedingungen der jeweiligen Zeit und Region. Während einige Gesellschaften den Glauben an Geister beibehalten und in ihre religiösen Traditionen integriert haben, haben andere ihn im Laufe der Zeit aufgegeben oder durch neue religiöse Vorstellungen ersetzt.

Zusammenfassung

Die Anfänge des Glaubens an Geister reichen weit zurück in die Frühzeit der menschlichen Zivilisation und sind eng mit den kulturellen Entwicklungen und dem Weltbild der jeweiligen Gesellschaften verbunden. Von prähistorischen Kulturen bis zur Antike haben Geister eine zentrale Rolle in den religiösen Vorstellungen, kulturellen Traditionen und sozialen Strukturen der Menschen gespielt und bleiben bis heute ein faszinierendes und rätselhaftes Phänomen, das die menschliche Vorstellungskraft beflügelt.

Religiöse Konzeptionen von Geistern

Geister nehmen in vielen religiösen Traditionen eine zentrale Rolle ein und werden auf vielfältige Weise dargestellt. Von den polytheistischen Glaubenssystemen des antiken Griechenlands bis zu den monotheistischen Religionen wie dem Christentum, dem Islam und dem Judentum haben Geister eine vielschichtige und komplexe Bedeutung, die tief in den religiösen Überzeugungen und Praktiken der jeweiligen Kulturen verwurzelt ist.

Geister im Polytheismus

In den polytheistischen Religionen des antiken Griechenlands, Roms, Ägyptens und anderer Kulturen wurden Geister oft als göttliche Wesen betrachtet, die eine Verbindung zwischen den Göttern und den Menschen herstellen. So glaubten die alten Griechen beispielsweise an Daimonen*, Geisterwesen, die zwischen den Welten wandeln und sowohl als Schutzgeister als auch als Boten der Götter fungieren konnten. In der ägyptischen Mythologie spielten Geister eine ähnliche Rolle als Vermittler zwischen den Lebenden und den Göttern und wurden als Wesen verehrt, die übernatürliche Kräfte besaßen und das Schicksal der Menschen beeinflussen konnten.

---

* = Ein Daimon (altgriechisch δαίμων daímōn, Plural daímones) ist in der griechischen Mythologie und Philosophie ein Geistwesen (siehe Dämon in den Religionswissenschaften). Der Begriff kann sich auf einen Gott oder auf die

Geister im Monotheismus

Auch in den monotheistischen Religionen wie dem Christentum, dem Islam und dem Judentum gibt es Vorstellungen von Geistern, die jedoch oft anders konzipiert sind als in den polytheistischen Traditionen. Im Christentum werden Geister oft als übernatürliche Wesen betrachtet, die entweder böse oder gut sein können. In der christlichen Tradition gibt es Vorstellungen von Engeln, die als Boten Gottes dienen und den Menschen Schutz und Führung bieten, sowie von Dämonen, die als böse Geister betrachtet werden, die die Menschen verführen und belästigen. Im Islam werden Geister ebenfalls als übernatürliche Wesen betrachtet, die entweder gut oder böse sein können. Im Judentum gibt es Vorstellungen von Geistern als verstorbene Seelen, die auf der Erde umherwandern und entweder Ruhe suchen oder Unheil anrichten können.

Geister in indigenen Religionen und Spiritualität

Auch in indigenen Religionen und spirituellen Traditionen auf der ganzen Welt spielen Geister eine wichtige Rolle. In vielen indigenen Kulturen werden Geister als Ahnen verehrt, die übernatürliche Kräfte besitzen und den Menschen Schutz, Führung und Segen bieten können. In spirituellen Traditionen wie dem Schamanismus gibt es Vorstellungen von Geistern als spirituellen Führern und Helfern, die den Menschen auf ihrem spirituellen Weg unterstützen und ihnen Zugang zu höheren spirituellen Ebenen ermöglichen.

Zusammenfassung

Die Darstellung von Geistern in verschiedenen religiösen Traditionen ist vielfältig und komplex und spiegelt die unterschiedlichen Weltbilder, Überzeugungen und Praktiken der jeweiligen Kulturen wider. Von den polytheistischen Religionen der Antike bis zu den monotheistischen Religionen der Gegenwart haben Geister eine wichtige Rolle in den religiösen Vorstellungen und Praktiken der Menschen gespielt und bleiben ein faszinierendes und rätselhaftes Phänomen, das die menschliche Vorstellungskraft beflügelt.

Philosophische Betrachtungen des Übersinnlichen

Die Rolle von Geistern in der philosophischen Geschichte ist ein faszinierendes Thema, das die menschliche Vorstellungskraft seit Jahrhunderten herausfordert und inspiriert. Philosophen verschiedener Epochen und Traditionen haben sich mit dem Konzept des Übersinnlichen und der Existenz von Geistern auseinandergesetzt und dabei eine Vielzahl von Perspektiven und Argumenten entwickelt.

Die antike Philosophie:
Platon und die Ideenwelt

In der antiken Philosophie spielte die Vorstellung von Geistern eine wichtige Rolle in den Überlegungen einiger bedeutender Denker. Platon beispielsweise entwickelte die Idee einer dualistischen Welt, in der es eine materielle Ebene und eine geistige Ebene gibt. Für Platon waren Geister Wesenheiten, die auf der geistigen Ebene existieren und die perfekten Ideen verkörpern. Sie sind unsterblich und unveränderlich und dienen als Vorbilder für die Erscheinungen in der materiellen Welt.

Die mittelalterliche Philosophie:
Thomas von Aquin und die Engel

In der mittelalterlichen Philosophie des Christentums spielte die Vorstellung von Engeln eine zentrale Rolle. Thomas von Aquin, ein führender Theologe und Philosoph des Mittelalters, entwickelte eine komplexe Hierarchie von Engeln, die zwischen Gott und den Menschen vermitteln. Engel wurden als geistige Wesen betrachtet, die von Gott geschaffen wurden und bestimmte Aufgaben im göttlichen Plan erfüllen. Sie waren eng mit dem Glauben an Gott und das Jenseits verbunden und wurden oft als Boten und Beschützer der Menschen verehrt.

Die neuzeitliche Philosophie:
Kant und die Grenzen der menschlichen Erkenntnis

In der Neuzeit beschäftigten sich Philosophen wie Immanuel Kant mit der Frage nach den Grenzen der menschlichen Erkenntnis und der Möglichkeit, das Übersinnliche zu verstehen. Kant argumentierte, dass die Existenz von Geistern und anderen übersinnlichen Phänomenen jenseits der Reichweite der menschlichen Vernunft liegt und daher nicht durch rationale Argumente bewiesen oder widerlegt werden kann. Für Kant war das Übersinnliche ein Bereich, der dem menschlichen Verstand verschlossen bleibt, und er warnte davor, Spekulationen darüber anzustellen.

Die moderne Philosophie:

Existenzialismus und die Frage nach dem Sinn

In der modernen Philosophie des 20. Jahrhunderts spielten philosophische Betrachtungen des Übersinnlichen eine eher marginale Rolle, da viele Philosophen sich auf Fragen der Existenz, des Bewusstseins und des menschlichen Lebens konzentrierten. Dennoch gab es Stimmen wie Jean-Paul Sartre und Albert Camus, die sich mit der Frage nach dem Sinn des Lebens und der Existenz auseinandersetzten und dabei auch das Übersinnliche und die Möglichkeit von Geistern in Betracht zogen.

Zusammenfassung

Die Rolle von Geistern in der philosophischen Geschichte ist ein vielschichtiges und komplexes Thema, das die menschliche Vorstellungskraft herausfordert und inspiriert. Von den antiken Denkern bis zu den modernen Philosophen haben sich viele große Geister mit dem Konzept des Übersinnlichen auseinandergesetzt und dabei eine Vielzahl von Perspektiven und Argumenten entwickelt. Trotz der unterschiedlichen Ansichten und Standpunkte bleibt die Frage nach der Existenz von Geistern eine der faszinierendsten und rätselhaftesten Fragen, mit denen sich die Philosophie auseinandersetzt.

Wissenschaftliche Ansätze zur Erklärung von Geisterscheinungen

Frühe wissenschaftliche Versuche, Geistersichtungen zu erklären, zeugen von einem bemerkenswerten Streben nach Rationalität und dem Bestreben, das Unbekannte mit den Mitteln der Vernunft zu erforschen. In der Geschichte der Wissenschaft gab es verschiedene Ansätze und Theorien, um Phänomene wie Geistersichtungen zu erklären, die lange Zeit als übernatürlich oder paranormal galten.

Die Aufklärung und der Beginn der rationalen Erklärungen

Während des Zeitalters der Aufklärung im 17. und 18. Jahrhundert begannen Wissenschaftler und Philosophen, traditionelle Aberglauben und übernatürliche Erklärungen für Phänomene in Frage zu stellen. Sie suchten nach rationalen und naturalistischen Erklärungen für Geistersichtungen und andere paranormale Erscheinungen. Einige frühe Wissenschaftler argumentierten, dass Geistersichtungen auf optischen Täuschungen, Halluzinationen oder psychologische Phänomene zurückzuführen sein könnten, die durch Stress, Müdigkeit oder andere Faktoren ausgelöst werden.

Die Entstehung der Psychologie und der Blick auf das Unterbewusstsein

Mit der Entwicklung der modernen Psychologie im 19. Jahrhundert begannen Wissenschaftler, sich eingehender mit den psychologischen Mechanismen hinter Geistersichtungen zu beschäftigen. Sie untersuchten die Rolle des Unterbewusstseins, der suggestiven Einflüsse und der sozialen Dynamik bei der Entstehung von Geistersichtungen. Einige Psychologen argumentierten, dass Geistersichtungen oft auf unbewussten Ängsten, Erwartungen oder Erinnerungen beruhen könnten, die sich in Form von Halluzinationen oder Illusionen manifestieren.

Die Entwicklung der Parapsychologie und der Versuch der wissenschaftlichen Erforschung des Paranormalen

Im 20. Jahrhundert entstand die Parapsychologie als eigenständiges Forschungsfeld, das sich mit paranormalen Phänomenen wie Geistersichtungen befasste. Parapsychologen versuchten, Geistersichtungen und andere paranormale Erscheinungen mit wissenschaftlichen Methoden zu untersuchen und zu erklären. Sie führten Experimente durch, um die Natur und Ursachen von Geistersichtungen zu erforschen und entwickelten verschiedene Theorien und Hypothesen, um diese Phänomene zu erklären.

Kritik und Kontroversen

Trotz der Bemühungen von Wissenschaftlern und Parapsychologen, Geistersichtungen auf rationale und naturalistische Weise zu erklären, bleiben diese Phänomene umstritten und rätselhaft. Kritiker argumentieren, dass viele der vorgeschlagenen Erklärungen für Geistersichtungen spekulativ oder unzureichend sind und dass es bisher keine schlüssigen Beweise für die Existenz von Geistern oder anderen paranormalen Phänomenen gibt.

Zusammenfassung

Frühe wissenschaftliche Ansätze zur Erklärung von Geistersichtungen spiegeln den Wunsch wider, das Unbekannte mit den Mitteln der Vernunft zu erforschen und zu verstehen. Von den rationalen Erklärungen der Aufklärung bis zu den experimentellen Untersuchungen der Parapsychologie haben Wissenschaftler verschiedene Ansätze und Theorien entwickelt, um Geistersichtungen zu erklären. Trotz der Fortschritte in der wissenschaftlichen Erforschung des Paranormalen bleiben Geistersichtungen jedoch ein faszinierendes und kontroverses Phänomen, das weiterhin die menschliche Vorstellungskraft und Neugierde herausfordert.

Die Blütezeit der Geistererscheinungen
im 19. Jahrhundert

Das 19. Jahrhundert war eine Zeit, in der Geistererscheinungen einen bemerkenswerten Aufschwung erlebten und eine breite gesellschaftliche Aufmerksamkeit erlangten. Während dieser Epoche wurden zahlreiche berühmte Geistererscheinungen berichtet, die sowohl Faszination als auch Kontroversen hervorriefen und weitreichende Auswirkungen auf die Gesellschaft hatten.

Die Fox-Schwestern und der Beginn des Spiritismus

Eine der bekanntesten Geistererscheinungen des 19. Jahrhunderts ereignete sich in Hydesville, New York, im Jahr 1848, als die beiden Schwestern Margaret und Kate Fox behaupteten, Kontakt mit einem Geist namens ›Mr. Splitfoot‹ aufgenommen zu haben. Dieses Ereignis markierte den Beginn des modernen Spiritismus und löste eine Welle von spiritistischen Aktivitäten und Untersuchungen aus, die sich in den folgenden Jahren auf der ganzen Welt verbreiteten. Die Fox-Schwestern wurden zu Symbolfiguren des Spiritismus und inspirierten zahllose Menschen, sich mit dem Thema Geister zu befassen und nach Kontakt mit dem Jenseits zu suchen.

Die Geisterseherin Helen Duncan und die Kontroverse um ihre Fähigkeiten

Im späteren Verlauf des 19. Jahrhunderts und im frühen 20. Jahrhundert erlangte die schottische Geisterseherin Helen Duncan große Bekanntheit für ihre angeblichen Fähigkeiten, mit den Toten zu kommunizieren. Sie veranstaltete öffentliche Séancen, bei denen sie Geistermaterialisationen und andere paranormale Phänomene präsentierte. Ihre Aktivitäten zogen jedoch auch skeptische Kritik und rechtliche Konsequenzen nach sich. Duncan wurde mehrmals wegen Betrugs angeklagt und verhaftet, und ihre Fähigkeiten wurden von Skeptikern als Betrug oder Täuschung abgetan. Dennoch hatte sie eine große Anhängerschaft und trug dazu bei, das Interesse an Geistererscheinungen in der Öffentlichkeit zu erhalten.

Die Auswirkungen auf Kunst, Literatur und Kultur

Die Blütezeit der Geistererscheinungen im 19. Jahrhundert hatte auch weitreichende Auswirkungen auf die Kunst, die Literatur und die Kultur der Zeit. Geistererscheinungen und spiritistische Aktivitäten inspirierten zahlreiche Künstler, Schriftsteller und Intellektuelle, die sich mit dem Thema des Übernatürlichen und der Suche nach dem Jenseits auseinandersetzten. Romane, Gedichte, Gemälde und Musikstücke mit geisterhaften Motiven wurden populär und trugen zur Verbreitung und Normalisierung des Spiritismus bei.

Trotz der Popularität von Geistererscheinungen und spiritistischen Aktivitäten gab es auch eine heftige Debatte über ihre Legitimität und Authentizität. Skeptiker und Wissenschaftler argumentierten, dass viele Geistererscheinungen durch Betrug, Täuschung oder psychologische Phänomene erklärt werden könnten und dass es keinen überzeugenden Beweis für die Existenz von Geistern gebe. Dennoch blieb das Interesse an Geistererscheinungen ungebrochen und faszinierte weiterhin die Massen.

Zusammenfassung

Die Blütezeit der Geistererscheinungen im 19. Jahrhundert war eine faszinierende Ära, die von zahlreichen berühmten Geistererscheinungen geprägt war und weitreichende Auswirkungen auf die Gesellschaft hatte. Von den Fox-Schwestern bis zu Helen Duncan wurden zahlreiche spiritistische Phänomene und Geisterseher bekannt, die die menschliche Vorstellungskraft herausforderten und kontroverse Diskussionen auslösten. Trotz der Skepsis und Kritik blieb das Interesse an Geistererscheinungen während dieser Zeit ungebrochen und trug zur Verbreitung und Popularisierung des Spiritismus bei.

Die Rolle von Geistern in der Literatur

Geister haben seit jeher eine faszinierende Rolle in der Literatur gespielt, und ihre Darstellungen sind so vielfältig wie die Autoren, die sie erschaffen haben. Von düsteren Gespenstern in Schauergeschichten bis zu metaphorischen Erscheinungen in allegorischen Werken haben Geister eine reiche Symbolik und tragen oft zur Entwicklung von Charakteren, Handlungssträngen und Themen in der Literatur bei.

Gespenster als Symbole für ungelöste Konflikte und Schuldgefühle

In vielen literarischen Werken werden Geister als Symbole für ungelöste Konflikte, Schuldgefühle oder unerledigte Geschäfte dargestellt. Ein berühmtes Beispiel dafür ist Shakespeares Drama ›Hamlet‹, in dem der Geist von Hamlets Vater erscheint und ihn zur Rache an seinem Mörder auffordert. Der Geist symbolisiert Hamlets innere Konflikte und seine Unfähigkeit, sich mit dem Tod seines Vaters abzufinden. Ähnliche Motive finden sich in Werken wie Charles Dickens' ›A Christmas Carol‹, in dem der Geist von Ebenezer Scrooges früherem Geschäftspartner ihn auf eine Reise durch seine Vergangenheit, Gegenwart und Zukunft führt, um ihm seine Fehler vor Augen zu führen und ihn zur Läuterung zu bewegen.

Geister als Allegorien für das Unheimliche und Unerklärliche

In Schauergeschichten und Horrorliteratur werden Geister oft als Symbole für das Unheimliche und Unerklärliche verwendet. Sie erscheinen als unheimliche Gestalten, die in dunklen Ecken lauern und die Grenzen zwischen Realität und Imagination verwischen. Edgar Allan Poes ›Der Rabe‹ ist ein Beispiel für eine literarische Arbeit, die die symbolische Bedeutung von Geistern als Manifestationen von Schuld, Verlust und Isolation erforscht. Der rätselhafte Rabe, der wiederholt ›Nimmermehr‹ ruft, verkörpert die düsteren Gedanken und Ängste des Protagonisten und trägt zur beklemmenden Atmosphäre des Gedichts bei.

Geister als Metaphern für das Vergängliche und Transzendente

In einigen literarischen Werken werden Geister als Metaphern für das Vergängliche und Transzendente verwendet. Sie symbolisieren die Flüchtigkeit des Lebens und die Sehnsucht nach etwas Größerem jenseits der materiellen Welt. In der Lyrik von Emily Dickinson beispielsweise tauchen Geister häufig als Sinnbilder für die Unsterblichkeit der Seele und die Suche nach spiritueller Erfüllung auf. Dickinsons Gedicht ›Because I could not stop for Death‹ beschreibt eine Reise mit dem Tod als Kutscher und stellt den Tod als unausweichlichen, aber nicht beängstigenden Aspekt des Lebens dar.

Zusammenfassung

Die Rolle von Geistern in der Literatur ist vielfältig und reichhaltig, und ihre Darstellungen bieten einen faszinierenden Einblick in die menschliche Vorstellungskraft und die Suche nach Sinn und Bedeutung in der Welt. Von symbolischen Allegorien bis zu unheimlichen Schauergeschichten tragen Geister dazu bei, komplexe Themen und Emotionen in der Literatur zu erforschen und bieten den Lesern eine Möglichkeit, sich mit existenziellen Fragen und inneren Konflikten auseinanderzusetzen.

Die Geburt des Spiritismus

Der Spiritismus ist eine religiöse Bewegung, die im 19. Jahrhundert entstand und sich auf die Kommunikation mit Geistern und die Vorstellung eines Lebens nach dem Tod konzentriert. Die Entstehung und Entwicklung des Spiritismus als Bewegung war geprägt von verschiedenen Einflüssen, Persönlichkeiten und historischen Ereignissen, die zu seiner Popularität und Verbreitung beitrugen.

Die Fox-Schwestern und der Beginn des Spiritismus

Der Spiritismus hat seine Wurzeln in den Ereignissen von Hydesville, New York, im Jahr 1848, als die Schwestern Margaret und Kate Fox behaupteten, Kontakt mit einem Geist namens ›Mr. Splitfoot‹ aufgenommen zu haben. Dieses Ereignis, das als der ›Hydesville-Zwischenfall‹ bekannt wurde, löste ein großes Interesse an Geistererscheinungen und spiritistischen Phänomenen aus und führte zur Entstehung des modernen Spiritismus. Die Fox-Schwestern wurden zu Symbolfiguren des Spiritismus und reisten durch die Vereinigten Staaten, um öffentliche Séancen abzuhalten und die Botschaften der Geister zu verbreiten.

Die Verbreitung des Spiritismus in Europa

In den folgenden Jahren verbreitete sich der Spiritismus auch in Europa und gewann eine große Anhängerschaft unter den

Anhängern des Okkultismus, der Esoterik und des Spirituellen. Einflussreiche Persönlichkeiten wie der französische Arzt Allan Kardec trugen zur Systematisierung und Popularisierung des Spiritismus bei und entwickelten eine philosophische Grundlage für die spiritistische Lehre. Kardecs Buch ›Das Buch der Geister‹, das 1857 veröffentlicht wurde, gilt als eines der wichtigsten Werke des Spiritismus und präsentiert eine Reihe von Lehren und Botschaften, die angeblich von Geistern durch die Technik des automatischen Schreibens übermittelt wurden.

Die Entwicklung spiritistischer Organisationen und Gemeinschaften

Im Laufe des 19. Jahrhunderts entstanden zahlreiche spiritistische Organisationen und Gemeinschaften, die sich der Verbreitung und Förderung der spiritistischen Lehren widmeten. Diese Organisationen organisierten Séancen, Vorträge und Diskussionen über spiritistische Themen und bildeten eine soziale und spirituelle Gemeinschaft für Anhänger des Spiritismus. Zu den bekanntesten spiritistischen Organisationen gehörten die ›Spiritistische Kirche‹ in den Vereinigten Staaten und die ›Spiritistische Gesellschaft‹ in Europa.

Die Rolle des Spiritismus in der modernen Esoterik und Spiritualität

Obwohl der Spiritismus im 19. Jahrhundert seine größte Popularität erreichte, bleibt er auch heute noch eine relevante und lebendige spirituelle Bewegung. Der Spiritismus hat einen dauerhaften Einfluss auf die moderne Esoterik und Spiritualität ausgeübt und inspiriert weiterhin Menschen auf der ganzen Welt, sich mit Fragen des Lebens nach dem Tod, der Existenz von Geistern und der Suche nach spiritueller Erfüllung auseinanderzusetzen.

Zusammenfassung

Die Geburt des Spiritismus im 19. Jahrhundert war das Ergebnis einer Vielzahl von Einflüssen, Ereignissen und Persönlichkeiten, die zusammenkamen, um eine neue religiöse Bewegung zu schaffen, die sich auf die Kommunikation mit Geistern und die Vorstellung eines Lebens nach dem Tod konzentrierte. Von den Fox-Schwestern (Bild) bis zu Allan Kardec und den spiritistischen Organisationen war der Spiritismus eine faszinierende und einflussreiche Bewegung, die die menschliche Vorstellungskraft herausforderte und weiterhin eine Rolle in der modernen Esoterik und Spiritualität spielt.

Die Verbindung von Geistern und Medien

Die Beziehung zwischen Geistern und Medien hat eine lange und komplexe Geschichte, die von Glauben, Skepsis, Kontroversen und faszinierenden Begegnungen geprägt ist. Die Rolle von Medien bei der Kommunikation mit Geistern hat dazu beigetragen, das Phänomen des Spiritismus zu prägen und zu formen, und hat eine Vielzahl von Erfahrungen und Interpretationen hervorgebracht.

Die Entstehung des Medialismus und die Blütezeit des Spiritismus

Im 19. Jahrhundert erlebte der Spiritismus einen bemerkenswerten Aufschwung, der von der Entwicklung des Medialismus beeinflusst wurde. Medien, auch als Medien oder Medienkanäle bekannt, wurden als Personen betrachtet, die die Fähigkeit besitzen, mit Geistern zu kommunizieren und Botschaften aus dem Jenseits zu übermitteln. Séancen wurden abgehalten, bei denen Medien versuchten, Kontakt mit Verstorbenen herzustellen und Informationen über das Leben nach dem Tod zu erhalten. Berühmte Medien wie Florence Cook und Leonora Piper erlangten während dieser Zeit große Bekanntheit und trugen zur Verbreitung des Spiritismus bei.

Die Techniken des Medialismus und die Kommunikation mit Geistern

Die Techniken des Medialismus umfassen verschiedene Methoden und Praktiken, die von Medien verwendet werden, um mit Geistern zu kommunizieren. Dazu gehören das automatische Schreiben, bei dem das Medium Botschaften von Geistern niederschreibt, das Trance-Medium, bei dem das Medium in einen tranceähnlichen Zustand versetzt wird, um den Geistern Raum zu geben, durch ihn zu sprechen, und die physikalische Medialität, bei der physische Phänomene wie Materialisationen oder Klopfgeräusche auftreten, die als Zeichen der Anwesenheit von Geistern interpretiert werden.

Kritik und Kontroversen um den Medialismus

Trotz der Popularität des Medialismus und des Spiritismus gab es auch heftige Kritik und Kontroversen um diese Praktiken. Skeptiker argumentierten, dass viele der angeblichen medialen Phänomene durch Betrug, Täuschung oder psychologische Phänomene erklärt werden könnten und dass es keinen überzeugenden Beweis für die Existenz von Geistern gebe. Einige Medien wurden als Scharlatane entlarvt, die vorgebliche spirituelle Fähigkeiten ausnutzten, um Geld zu verdienen oder Ruhm zu erlangen.

Die Rolle des Medialismus in der modernen Esoterik und Spiritualität

Trotz der Kritik und Kontroversen bleibt der Medialismus eine relevante und lebendige Praxis in der modernen Esoterik und Spiritualität. Medien und spirituelle Berater bieten ihre Dienste weiterhin an und versuchen, Menschen bei der Suche nach Trost, Heilung und spiritueller Führung zu unterstützen. Die Rolle von Medien bei der Kommunikation mit Geistern hat dazu beigetragen, das Phänomen des Spiritismus zu popularisieren und zu normalisieren und bleibt eine faszinierende Facette der menschlichen Suche nach dem Übersinnlichen und dem Unbekannten.

Zusammenfassung

Die Verbindung von Geistern und Medien ist ein faszinierendes und komplexes Thema, das die menschliche Vorstellungskraft herausfordert und die Grenzen zwischen Realität und Imagination verschwimmen lässt. Von der Blütezeit des Spiritismus im 19. Jahrhundert bis zur modernen Esoterik und Spiritualität bleibt die Rolle von Medien bei der Kommunikation mit Geistern ein faszinierendes und kontroverses Phänomen, das weiterhin die Neugierde und den Glauben vieler Menschen auf der ganzen Welt anspricht.

Wissenschaftliche Kritik und Skepsis gegenüber Geisterphänomenen

Das 20. Jahrhundert brachte eine Wende in der wissenschaftlichen Betrachtung von Geisterphänomenen mit sich. Während das 19. Jahrhundert von einem breiten Interesse an Spiritualität und dem Übersinnlichen geprägt war, führten wachsende Fortschritte in der Wissenschaft und eine zunehmend kritische Haltung dazu, dass Geisterphänomene skeptischer betrachtet wurden.

Die Entstehung der Parapsychologie und ihre Ambivalenz gegenüber Geisterphänomenen

Die Parapsychologie, die sich im frühen 20. Jahrhundert als eigenständiges Forschungsfeld etablierte, widmete sich der wissenschaftlichen Erforschung paranormaler Phänomene, darunter auch Geistererscheinungen. Während einige Parapsychologen weiterhin an die Echtheit von Geisterphänomenen glaubten und diese zu erforschen versuchten, wurden viele ihrer Methoden und Ergebnisse von der etablierten wissenschaftlichen Gemeinschaft skeptisch betrachtet. Kritiker bemängelten oft methodische Mängel in den Experimenten und warfen den Parapsychologen vor, ihren Glauben an das Übernatürliche über wissenschaftliche Standards zu stellen.

Die Entlarvung von Betrügern und Scharlatanen

Im Laufe des 20. Jahrhunderts wurden viele angebliche Medien und spirituelle Berater als Betrüger und Scharlatane entlarvt, die vorgebliche Geisterphänomene vortäuschten, um Geld zu verdienen oder Ruhm zu erlangen. Bekannte Fälle von Betrug und Täuschung, sowohl in der Öffentlichkeit als auch in wissenschaftlichen Experimenten, trugen dazu bei, die Glaubwürdigkeit von Geisterphänomenen weiter zu untergraben und die Skepsis gegenüber spirituellen Praktiken zu verstärken.

Die Rolle der wissenschaftlichen Methodik und die Suche nach natürlichen Erklärungen

Mit dem Aufkommen rigoroser wissenschaftlicher Methoden und der Entwicklung moderner Technologien konnten viele Geisterphänomene auf natürliche oder psychologische Ursachen zurückgeführt werden. Psychologische Studien zeigten, dass viele sogenannte Geistererscheinungen auf suggestiven Einflüssen, Halluzinationen oder anderen psychologischen Phänomenen beruhten, die mit dem menschlichen Geist verbunden waren. Die Suche nach natürlichen Erklärungen für vermeintliche Geisterphänomene wurde zu einem wichtigen Anliegen der wissenschaftlichen Gemeinschaft, die darauf abzielte, Aberglauben und Irrglauben durch rationalere und empirisch fundierte Erklärungen zu ersetzen.

Die Popularisierung des Skeptizismus und der Rückgang des Glaubens an das Übersinnliche

In der zweiten Hälfte des 20. Jahrhunderts gewann der wissenschaftliche Skeptizismus gegenüber Geisterphänomenen an Popularität und Einfluss. Bücher, Filme und Medienberichte über paranormale Untersuchungen und die Entlarvung von angeblichen Geistererscheinungen trugen dazu bei, den Glauben an das Übernatürliche in der breiten Öffentlichkeit zu untergraben und das Interesse an spirituellen Praktiken zu verringern. Während einige weiterhin an die Existenz von Geistern glauben, nahm die wissenschaftliche Skepsis gegenüber solchen Phänomenen im Laufe des 20. Jahrhunderts deutlich zu.

Zusammenfassung

Die Wende im 20. Jahrhundert markierte einen bedeutenden Wendepunkt in der wissenschaftlichen Betrachtung von Geisterphänomenen. Während das 19. Jahrhundert von einem breiten Interesse an Spiritualität geprägt war, führten Fortschritte in der Wissenschaft, die Entlarvung von Betrügern und eine zunehmend kritische Haltung dazu, dass Geisterphänomene skeptischer betrachtet wurden. Die Suche nach natürlichen Erklärungen und die Popularisierung des Skeptizismus trugen dazu bei, den Glauben an das Übernatürliche zu verringern und die Rolle von Geistern in der modernen Gesellschaft zu hinterfragen.

Parapsychologie und die wissenschaftliche Suche nach dem Paranormalen

Die Parapsychologie ist eine faszinierende Disziplin, die sich mit paranormalen Phänomenen wie Telepathie, Hellsehen, Psychokinese und Nahtoderfahrungen befasst. Ihre Entwicklung als wissenschaftliche Disziplin war von verschiedenen Einflüssen, Persönlichkeiten und historischen Ereignissen geprägt, die dazu beitrugen, das Paranormale aus einem wissenschaftlichen Blickwinkel zu erforschen und zu verstehen.

Die Anfänge der Parapsychologie im 19. Jahrhundert

Die Wurzeln der Parapsychologie reichen bis ins 19. Jahrhundert zurück, als Wissenschaftler begannen, sich für ungewöhnliche Phänomene wie Spiritismus, Medialität und außersinnliche Wahrnehmung zu interessieren. Zu dieser Zeit wurden viele spiritistische Phänomene als echte Erscheinungen angesehen und von seriösen Forschern untersucht. Einflussreiche Persönlichkeiten wie der Psychologe William James und der Physiker Sir Oliver Lodge spielten eine wichtige Rolle bei der Erforschung und Anerkennung paranormaler Phänomene als legitimes Forschungsgebiet.

Die Etablierung der Parapsychologie als akademische Disziplin

Im frühen 20. Jahrhundert begann die Parapsychologie, sich als eigenständige akademische Disziplin zu etablieren, mit der Gründung von Forschungsinstituten, Fachzeitschriften und akademischen Studiengängen, die sich ausschließlich dem Studium paranormaler Phänomene widmeten. Einflussreiche Institutionen wie das Rhine Research Center in den Vereinigten Staaten und das Institut für Grenzgebiete der Psychologie und Psychohygiene in Deutschland trugen zur Entwicklung der Parapsychologie als akademische Disziplin bei und förderten die wissenschaftliche Erforschung des Paranormalen.

Methoden und Ansätze in der parapsychologischen Forschung

Die parapsychologische Forschung umfasst eine Vielzahl von Methoden und Ansätzen, um paranormale Phänomene zu untersuchen und zu verstehen. Dazu gehören experimentelle Studien zur Telepathie und Hellsehen, Beobachtungen von Spukphänomenen und Nahtoderfahrungen, sowie Untersuchungen von angeblich paranormal begabten Personen. Parapsychologen setzen dabei auf wissenschaftliche Methoden und strenge Protokolle, um die Validität und Zuverlässigkeit ihrer Ergebnisse sicherzustellen.

Kritik und Kontroversen in der Parapsychologie

Trotz ihrer Bemühungen, paranormalen Phänomenen auf wissenschaftliche Weise zu begegnen, bleibt die Parapsychologie ein umstrittenes Feld, das oft skeptisch betrachtet wird. Kritiker werfen Parapsychologen vor, methodische Mängel in ihren Studien zu haben, und bezweifeln die Existenz paranormaler Phänomene insgesamt. Trotz der Kritik setzen Parapsychologen ihre Forschung fort und sind bestrebt, neue Erkenntnisse über das Paranormale zu gewinnen und die Grenzen unseres Verständnisses von der Natur der Realität zu erweitern.

Die Zukunft der Parapsychologie

Die Parapsychologie bleibt ein faszinierendes und kontroverses Feld, das weiterhin die Neugierde und das Interesse von Forschern und Laien gleichermaßen weckt. Während einige weiterhin skeptisch gegenüber paranormalen Phänomenen sind, sind andere optimistisch, dass die Parapsychologie eines Tages neue Einsichten über die Natur des Bewusstseins und der menschlichen Erfahrung liefern könnte. Die Zukunft der Parapsychologie hängt von der fortgesetzten Forschung, der Entwicklung neuer Methoden und Technologien und einem offenen und kritischen Diskurs über das Paranormale ab.

Moderne Technologien und die Jagd auf Geister

Die Verwendung moderner Technologien hat eine neue Ära in der Suche nach Geistern eingeleitet, die über traditionelle Methoden hinausgeht und auf wissenschaftliche Instrumente und Techniken zurückgreift. Der Einsatz von Technologien wie EVP (Electronic Voice Phenomena) und Ghost Hunting Equipment hat dazu beigetragen, die Jagd auf Geister zu systematisieren und neue Erkenntnisse über das Paranormale zu gewinnen.

Die Entwicklung von EVP-Technologie

EVP, oder Electronic Voice Phenomena, bezieht sich auf die Aufnahme von unerklärlichen Stimmen oder Geräuschen auf elektronischen Geräten wie Tonbandgeräten oder digitalen Aufnahmegeräten. Die Idee hinter EVP ist, dass Geister oder paranormale Entitäten in der Lage sind, ihre Stimmen über elektronische Medien zu kommunizieren, die für das menschliche Ohr normalerweise nicht wahrnehmbar sind. EVP wurde erstmals in den frühen Jahren des 20. Jahrhunderts untersucht, aber erst mit dem Aufkommen moderner Aufnahmetechnologien wurde es zu einem weit verbreiteten Werkzeug in der paranormalen Forschung.

Die Verwendung von Ghost Hunting Equipment

Ghost Hunting Equipment umfasst eine Vielzahl von technologischen Geräten und Instrumenten, die bei der Erfassung und Untersuchung paranormaler Phänomene eingesetzt werden. Dazu gehören Infrarotkameras zur Aufnahme von Wärmebildern, EMF-Detektoren zur Messung von elektromagnetischen Feldern, Geigerzähler zur Messung von Strahlung und thermische Kameras zur Aufnahme von Temperaturänderungen. Diese Geräte werden von Geisterjägern oder paranormalen Forschern eingesetzt, um potenzielle Anzeichen von Geisteraktivität zu identifizieren und zu dokumentieren.

Die Rolle von Technologie in der paranormalen Forschung

Technologie hat die Jagd auf Geister in vielerlei Hinsicht revolutioniert, indem sie präzise Messungen und Aufzeichnungen von paranormalen Phänomenen ermöglicht hat. Durch den Einsatz von EVP und Ghost Hunting Equipment können Forscher Daten sammeln und analysieren, die darauf hinweisen könnten, dass eine bestimmte Umgebung von Geistern bewohnt ist. Diese Technologien bieten auch eine Möglichkeit, paranormale Erfahrungen objektiver zu dokumentieren und zu erforschen, was zur Akzeptanz paranormaler Phänomene in der wissenschaftlichen Gemeinschaft beitragen könnte.

Kritik und Skepsis gegenüber Technologien in der Geisterjagd

Trotz ihrer weit verbreiteten Verwendung gibt es auch Kritik und Skepsis gegenüber Technologien in der Geisterjagd. Einige argumentieren, dass viele der aufgezeichneten Phänomene durch natürliche Ursachen erklärt werden können, und dass die Interpretation von EVP und anderen paranormalen Daten oft subjektiv ist. Skeptiker weisen auch darauf hin, dass viele Ghost Hunting Equipment nicht wissenschaftlich validiert sind und daher fragwürdige Ergebnisse liefern können.

Die Zukunft der Technologie in der paranormalen Forschung

Trotz der Kritik bleibt die Verwendung moderner Technologien ein wesentlicher Bestandteil der paranormalen Forschung und der Jagd auf Geister. Mit der kontinuierlichen Weiterentwicklung von Aufnahmetechnologien und Sensorgeräten ist es möglich, dass zukünftige Fortschritte in der Technologie dazu beitragen könnten, die Geisterjagd noch weiter zu verbessern und neue Erkenntnisse über das Paranormale zu gewinnen. Die Integration von Technologie in die paranormale Forschung bleibt eine spannende und kontroverse Front in der Erforschung des Unbekannten.

Populäre Kultur und Geisterphänomene

Geisterphänomene haben seit jeher eine faszinierende und beängstigende Rolle in der populären Kultur gespielt. Filme, Bücher, Fernsehserien und andere Medien haben die Vorstellungskraft der Menschen beflügelt und dazu beigetragen, Geister als Symbol für das Unbekannte und das Übersinnliche zu etablieren.

Die Geburt des Horrorfilms und die Darstellung von Geistern

Der Horrorfilm hat eine lange Geschichte, die eng mit der Darstellung von Geistern verbunden ist. Bereits im frühen 20. Jahrhundert wurden Stummfilme produziert, die Geistererscheinungen und übernatürliche Phänomene thematisierten. Mit der Entwicklung der Filmtechnik und der Verbreitung des Kinos wurden Geister zu einem zentralen Motiv im Horrorfilmgenre. Klassische Werke wie ›Das Cabinet des Dr. Caligari‹ (1920) und ›Das Geisterschloss‹ (1963) prägten das Bild von Geistern als unheimliche und bedrohliche Wesen, die Menschen heimsuchen und terrorisieren.

Die Vielfalt der literarischen Darstellungen von Geistern

In der Literatur haben Geister eine ebenso vielfältige und faszinierende Rolle gespielt. Von klassischen Werken wie Shake-

speares ›Hamlet‹, in dem der Geist von Hamlets Vater eine
zentrale Rolle spielt, bis hin zu modernen Bestsellern wie ›The
Haunting of Hill House‹ von Shirley Jackson haben Autoren
Geister als Symbol für Trauer, Schuld, Rache und Verlust genutzt. Die literarische Darstellung von Geistern hat dazu beigetragen, das Phänomen des Paranormalen in der öffentlichen
Vorstellung zu verankern und die Neugierde der Leser zu we-
cken.

Die Verbreitung von Geistergeschichten in den Medien

Geistergeschichten sind auch in anderen Medien weit verbrei-
tet, darunter Fernsehserien, Podcasts, Videospiele und sogar
soziale Medienplattformen. Serien wie ›Supernatural‹ und
›Stranger Things‹ haben Millionen von Zuschauern auf der
ganzen Welt begeistert und das Interesse an übernatürlichen
Phänomenen geweckt. Podcasts wie ›Lore‹ und ›My Favorite
Murder‹ widmen sich regelmäßig Geistergeschichten und urbanen Legenden und haben eine treue Fangemeinde aufgebaut.
Selbst in der Welt der Videospiele gibt es eine Fülle von Titeln,
die sich mit Geisterjagd und paranormalem Ermittlungsthema
beschäftigen, und die Spieler in immersive und gruselige Erlebnisse eintauchen lassen.

Der Einfluss von Geistern auf die Popkultur

Insgesamt haben Geister einen bedeutenden Einfluss auf die Popkultur ausgeübt und sind zu einem festen Bestandteil des kollektiven kulturellen Gedächtnisses geworden. Durch Filme, Bücher und andere Medien haben Geister unsere Vorstellungskraft beflügelt, unsere Ängste geweckt und uns dazu inspiriert, über das Leben nach dem Tod und das Übernatürliche nachzudenken. Die Faszination für Geisterphänomene bleibt auch in der modernen Welt bestehen und zeigt, dass das Paranormale nach wie vor eine tiefe Resonanz in der menschlichen Psyche hat.

Geister in der Kunst und Musik

Die Darstellung von Geistern in Kunst und Musik hat eine lange und reiche Geschichte, die bis in die frühesten Zeiten der menschlichen Kreativität zurückreicht. Künstler und Musiker haben sich von der Vorstellung des Übernatürlichen inspirieren lassen und Geister auf vielfältige Weise in ihren Werken interpretiert und dargestellt.

Malerei:
Geister als Symbol für das Unbekannte

In der Malerei sind Geister oft als unheimliche und gespenstische Figuren dargestellt worden, die das Unbekannte und Unheimliche verkörpern. Berühmte Beispiele für die Darstellung von Geistern in der Kunst sind Francisco de Goyas ›Der schwarze Hund‹ und Henry Fuselis ›Der Albtraum‹, die beide die düstere und beängstigende Seite des Übernatürlichen einfangen. Die Verwendung von Licht und Schatten sowie von Symbolen wie Nebel und Dunkelheit verstärkt oft die mysteriöse Atmosphäre solcher Gemälde und trägt dazu bei, die Vorstellungskraft des Betrachters anzuregen.

Skulptur:
Die Transzendenz des Geistes

In der Skulptur sind Geister oft als abstrakte oder symbolische Figuren dargestellt worden, die die Transzendenz des

Geistes und die Trennung von Körper und Seele verkörpern. Beispiele hierfür sind die Skulpturen von Auguste Rodin, die oft Figuren zeigen, die in einer Art Zwischenzustand zwischen Leben und Tod gefangen sind, sowie die Arbeiten von Alberto Giacometti, die die Fragilität und Vergänglichkeit des menschlichen Daseins thematisieren.

Musik:
Die Klänge des Jenseits

In der Musik haben Komponisten und Musiker Geister oft als inspirierendes Motiv genutzt, um eine Atmosphäre von Mysterium und Übernatürlichem zu erzeugen. Beispiele hierfür sind die sinfonischen Dichtungen von Hector Berlioz und Franz Liszt, die oft düstere und gespenstische Themen behandeln, sowie die Opern von Richard Wagner, die Geister als tragische und heroische Figuren darstellen. In der populären Musik haben Bands und Künstler wie Pink Floyd und Michael Jackson das Thema Geister aufgegriffen und in ihren Liedern und Videos verarbeitet, wodurch sie eine breite Palette von Emotionen und Stimmungen ausdrücken konnten.

Film und Theater:
Die Inszenierung des Übersinnlichen

Im Film und Theater haben Regisseure und Bühnenbildner Geister oft als dramatische und visuell beeindruckende Figuren inszeniert, die die Zuschauer faszinieren und erschrecken sollen. Beispiele hierfür sind die Filme von Alfred Hitchcock, die oft subtile und unheimliche Geistererscheinungen enthalten, sowie die Bühnenproduktionen von Shakespeare's ›Hamlet‹, die den Geist von Hamlets Vater als zentrale Figur präsentieren, die den Verlauf der Handlung entscheidend beeinflusst.

Zusammenfassung

Insgesamt haben Geister eine vielfältige und faszinierende Rolle in Kunst und Musik gespielt, die von düsteren und beängstigenden Darstellungen in der Malerei bis hin zu inspirierenden und transzendentalen Interpretationen in der Musik reicht. Künstler und Musiker haben sich von der Vorstellung des Übernatürlichen inspirieren lassen und haben Geister auf kreative und expressive Weise in ihren Werken interpretiert, wodurch sie die menschliche Vorstellungskraft bereichert und erweitert haben.

Die Psychologie des Geisterglaubens

Der Glaube an Geister und paranormale Phänomene ist ein faszinierendes Thema, das seit Jahrhunderten die menschliche Vorstellungskraft und Neugierde fesselt. Psychologen haben verschiedene Erklärungsansätze entwickelt, um zu verstehen, warum Menschen an Geister glauben und welche psychologischen Mechanismen diesem Glauben zugrunde liegen.

Die Rolle von kulturellen und sozialen Einflüssen

Ein wichtiger Faktor, der den Glauben an Geister beeinflusst, sind kulturelle und soziale Einflüsse. In vielen Kulturen weltweit gibt es eine lange Tradition des Geisterglaubens, die durch Geschichten, Rituale und Bräuche aufrechterhalten wird. Diese kulturellen Praktiken können den Glauben an Geister verstärken und dazu beitragen, dass sie als real und bedeutsam angesehen werden. Darüber hinaus können soziale Normen und Erwartungen dazu führen, dass Menschen ihren eigenen Geistererfahrungen mehr Glauben schenken und diese mit anderen teilen.

Psychologische Bedürfnisse und Motivationen

Psychologen haben vorgeschlagen, dass der Glaube an Geister bestimmten psychologischen Bedürfnissen und Motivationen entspringen kann. Zum Beispiel könnte der Glaube an Geister dazu dienen, Unsicherheit und Angst vor dem Unbekannten zu reduzieren, indem er eine Erklärung für unerklärliche Ereignisse und Phänomene bietet. Menschen könnten auch aus dem Bedürfnis heraus, eine Verbindung zu Verstorbenen herzustellen oder Trost und Hoffnung in Zeiten der Trauer zu finden, an Geister glauben.

Kognitive Verzerrungen und Irrtümer

Psychologen haben festgestellt, dass kognitive Verzerrungen und Irrtümer eine Rolle beim Glauben an Geister spielen können. Zum Beispiel könnten Menschen dazu neigen, unerklärliche Ereignisse oder Zufälle als Beweis für die Existenz von Geistern zu interpretieren, indem sie Muster erkennen oder Zusammenhänge herstellen, die in Wirklichkeit nicht vorhanden sind. Darüber hinaus könnten Erinnerungen an Geistererfahrungen im Laufe der Zeit verzerrt oder verfälscht werden, was zu einem verstärkten Glauben an übernatürliche Phänomene führen kann.

Die Bedeutung von persönlichen Überzeugungen und Erfahrungen

Schließlich spielen persönliche Überzeugungen und Erfahrungen eine wichtige Rolle beim Glauben an Geister. Menschen, die bereits an übernatürliche Phänomene glauben oder persönliche Erfahrungen mit Geistern gemacht haben, sind wahrscheinlich eher geneigt, weiterhin an deren Existenz zu glauben. Diese Überzeugungen können durch persönliche Erlebnisse, familiäre Traditionen oder religiöse Überzeugungen

geprägt sein und dazu beitragen, den Glauben an Geister auf-
rechtzuerhalten und zu verstärken.

Zusammenfassung

Insgesamt ist der Glaube an Geister eine komplexe Mischung
aus kulturellen, sozialen und psychologischen Faktoren, die auf
individueller und kollektiver Ebene wirken. Psychologen haben
verschiedene Erklärungsansätze entwickelt, um zu verstehen,
warum Menschen an Geister glauben und welche psychologischen Mechanismen diesem Glauben zugrunde liegen. Durch
die Untersuchung dieser Faktoren können wir ein tieferes Verständnis für die menschliche Vorstellungskraft und den Glauben an das Übernatürliche gewinnen.

Kulturelle Vielfalt des Geisterglaubens

Der Glaube an Geister ist ein Phänomen, das in verschiedenen Kulturen auf der ganzen Welt existiert und in vielfältiger Weise interpretiert wird. Von den traditionellen Vorstellungen in indigenen Gesellschaften bis zu modernen urbanen Legenden gibt es eine Fülle von kulturellen Perspektiven auf Geister und ihre Bedeutung.

Indigene Kulturen und Ahnenverehrung

In vielen indigenen Kulturen spielen Geister eine zentrale Rolle in der Ahnenverehrung und im spirituellen Leben der Gemeinschaft. Geister werden oft als Vermittler zwischen der Welt der Lebenden und der Welt der Toten betrachtet und werden verehrt und respektiert, um Schutz, Führung und Unterstützung zu erhalten. In einigen Kulturen werden Geistertänze und Rituale durchgeführt, um die Geister zu ehren und ihre Gunst zu erbitten.

Asiatische Kulturen und Geisterglaube

In vielen asiatischen Kulturen, insbesondere in Ländern wie Japan, China und Korea, gibt es eine lange Tradition des Geisterglaubens. Geister werden oft als unruhige Seelen verstorbener Menschen betrachtet, die noch eine unerledigte Aufgabe haben oder eine starke emotionale Bindung zur Welt der Lebenden haben. In Japan zum Beispiel gibt es den Glauben an

Yūrei, die Geister von Verstorbenen, die oft als blasse, schattenhafte Figuren dargestellt werden und eine wichtige Rolle in der Folklore und Popkultur des Landes spielen.

Afrikanische und afroamerikanische Spiritualität

In vielen afrikanischen und afroamerikanischen Kulturen gibt es einen reichen und vielfältigen Glauben an Geister und übernatürliche Wesen. Geister werden oft als mächtige und einflussreiche Kräfte betrachtet, die das Schicksal der Menschen beeinflussen können. In einigen afrikanischen Traditionen werden Geister durch Rituale und Zeremonien beschworen, um Heilung, Schutz und spirituelle Führung zu erhalten. In der afroamerikanischen Spiritualität, wie zum Beispiel im Voodoo und Hoodoo, spielen Geister eine wichtige Rolle als Vermittler zwischen den Menschen und den Göttern.

Westliche Kulturen und moderne Geistergeschichten

Auch in westlichen Kulturen gibt es eine lange Tradition des Geisterglaubens, die sich in verschiedenen Formen von Volkssagen, Märchen und urbanen Legenden manifestiert. Geister werden oft als unheimliche und beängstigende Wesen dargestellt, die Menschen heimsuchen und terrorisieren. Moderne Geistergeschichten, wie zum Beispiel die Legende von Bloody Mary oder die Geschichte der White Lady, haben eine breite Anhängerschaft gefunden und sind zu festen Bestandteilen des kulturellen Gedächtnisses geworden.

Zusammenfassung

Insgesamt zeigt die Vielfalt des Geisterglaubens, wie tief verwurzelt das Phänomen in der menschlichen Kultur und Vorstellungskraft ist. Von den traditionellen Praktiken indigener Völker bis zu modernen urbanen Legenden spiegelt der Glaube an Geister die komplexen und vielfältigen Wege wider, auf denen Menschen versuchen, das Unbekannte und Übersinnliche zu verstehen und zu erklären. Die Untersuchung der kulturellen Vielfalt des Geisterglaubens bietet Einblicke in die menschliche Psyche und die Wege, auf denen Menschen mit dem Übernatürlichen in Kontakt treten.

Moderne spirituelle Bewegungen und Geisterkommunikation

In der heutigen Zeit erleben wir eine Vielzahl von spirituellen Bewegungen und Praktiken, die sich mit der Kommunikation mit Geistern und dem Übernatürlichen befassen. Diese Bewegungen bieten neue Wege, um mit dem Jenseits in Kontakt zu treten und spirituelle Erkenntnisse zu erlangen.

Spiritismus und Mediumismus: Die direkte Kommunikation mit Geistern

Der Spiritismus ist eine spirituelle Bewegung, die im 19. Jahrhundert entstand und sich auf die direkte Kommunikation mit Geistern konzentriert. Spiritistische Praktiken umfassen Séancen, bei denen ein Medium als Vermittler zwischen der physischen Welt und dem Geisterreich fungiert und Botschaften von Verstorbenen übermittelt. Der Glaube an die Existenz eines Lebens nach dem Tod und die Möglichkeit, mit Geistern zu kommunizieren, sind zentrale Bestandteile des Spiritismus und haben eine treue Anhängerschaft gefunden.

New Age-Bewegung und Esoterik: Die Integration von Geisterlehren

Die New Age-Bewegung und verschiedene esoterische Strömungen haben ebenfalls Interesse an Geistern und spirituellen Phänomenen gezeigt. In diesen Bewegungen werden oft alte spirituelle Lehren und Praktiken mit modernen Ideen und Techniken kombiniert, um spirituelle Erleuchtung und persönliche Transformation zu fördern. Geister werden oft als spirituelle Führer und Lehrer betrachtet, die den Menschen helfen können, ihre spirituellen Ziele zu erreichen und ein höheres Bewusstsein zu erlangen.

Geister in der Metaphysik und der Quantenphysik: Die Suche nach tieferen Wahrheiten

In der Metaphysik und in einigen Bereichen der Quantenphysik wird die Vorstellung von Geistern und paranormalen Phänomenen als Möglichkeit betrachtet, tiefere Wahrheiten über die Natur der Realität zu enthüllen. Einige Theorien postulieren die Existenz von parallelen Universen oder multidimensionalen Realitäten, in denen Geister existieren können. Die Erforschung dieser Ideen und die Suche nach wissenschaftlichen Beweisen für die Existenz von Geistern sind wichtige Bestandteile der modernen spirituellen Bewegungen.

Moderne Technologien und Geisterjagd: Die Nutzung von EVP und Ghost Hunting Equipment

Mit dem Aufkommen moderner Technologien haben sich auch die Methoden zur Kommunikation mit Geistern weiterentwickelt. Elektronische Voice-Phänomene (EVP) und Ghost Hunting Equipment werden oft verwendet, um angebliche Geisterstimmen und paranormale Aktivitäten aufzuzeichnen und zu dokumentieren. Diese Technologien bieten neue Möglichkeiten, um Geister zu untersuchen und die Grenzen zwischen dem Sichtbaren und dem Unsichtbaren zu erkunden.

Zusammenfassung

Insgesamt zeigt die Vielfalt moderner spiritueller Bewegungen und Praktiken, dass der Glaube an Geister und das Übernatürliche nach wie vor eine starke Resonanz in der menschlichen Psyche hat. Diese Bewegungen bieten neue Wege, um mit dem Jenseits in Kontakt zu treten und spirituelle Erkenntnisse zu erlangen, und zeigen, dass die Suche nach dem Spirituellen und Transzendenten auch in der modernen Welt lebendig und relevant bleibt.

Die kommerzielle Seite des Paranormalen

Die Faszination für das Paranormale hat nicht nur spirituelle und kulturelle Aspekte, sondern auch eine wirtschaftliche Dimension, die durch verschiedene kommerzielle Aktivitäten und Dienstleistungen rund um Geisterjagden, Geisterführungen und andere paranormale Angebote geprägt ist.

Geisterjagden:
Ein lukratives Geschäft?

Geisterjagden sind Veranstaltungen, bei denen Teilnehmer mit Hilfe von spezieller Ausrüstung und Technologie versuchen, paranormale Aktivitäten zu erfassen und mit Geistern in Kontakt zu treten. Diese Veranstaltungen werden oft von Unternehmen und Organisationen organisiert, die Eintrittsgebühren erheben und Ausrüstungsverleih anbieten. Die Teilnehmer können dabei nicht nur die Spannung und Aufregung einer Geisterjagd erleben, sondern auch die Möglichkeit haben, neue Freunde zu finden und sich mit Gleichgesinnten auszutauschen. Für viele Menschen ist die Teilnahme an einer Geisterjagd ein aufregendes Erlebnis, das sie bereit sind, für eine einzigartige und fesselnde Erfahrung zu bezahlen.

Geisterführungen:

Geschichte und Aberglaube

Geisterführungen sind geführte Touren, die historische Orte besuchen, an denen angeblich Geistererscheinungen und paranormale Aktivitäten stattgefunden haben. Diese Touren werden oft von lokalen Unternehmen und Reiseveranstaltern angeboten, die die Geschichte und Legenden der Orte mit unterhaltsamen und gruseligen Anekdoten verbinden. Die Teilnehmer haben die Möglichkeit, die mysteriöse Atmosphäre der Orte zu erleben und mehr über die Geschichte und den Aberglauben rund um Geister zu erfahren. Für viele Touristen und Neugierige sind Geisterführungen eine beliebte Attraktion, die dazu beiträgt, die lokale Kultur und Geschichte zu erleben und zu verstehen.

Paranormale Dienstleistungen:

Wahrsager, Medien und Geisterjäger

Neben Geisterjagden und Geisterführungen gibt es eine Vielzahl von paranormalen Dienstleistungen, die von Wahrsagern, Medien und Geisterjägern angeboten werden. Diese Dienstleistungen umfassen oft persönliche Beratungen, spirituelle Sitzungen und Hausbesuche, bei denen angeblich paranormale Phänomene untersucht und gelöst werden. Für viele Menschen bieten diese Dienstleistungen Trost, Unterstützung und Orientierung in Zeiten der Unsicherheit und des Zweifels. Obwohl die Wirksamkeit solcher Dienstleistungen oft umstritten ist, gibt es dennoch eine starke Nachfrage nach ihnen, die von einem breiten Spektrum von Menschen genutzt wird, die nach Antworten auf ihre spirituellen Fragen und Probleme suchen.

Zusammenfassung

Insgesamt zeigt die kommerzielle Seite des Paranormalen, dass die Faszination für das Übernatürliche nicht nur eine spirituelle und kulturelle Dimension hat, sondern auch eine wirtschaftliche. Geisterjagden, Geisterführungen und paranormale Dienstleistungen bieten nicht nur spannende und unterhaltsame Erlebnisse, sondern sind auch ein lukratives Geschäft, das von einer breiten Palette von Menschen genutzt wird, die nach Antworten, Unterhaltung und spiritueller Erfahrung suchen.

Ethik und Verantwortung im Umgang mit Geisterglauben

Die Diskussion über ethische Fragen im Zusammenhang mit Geisterphänomenen ist von großer Bedeutung, da der Glaube an Geister und das Paranormale oft mit einer Vielzahl von moralischen und ethischen Fragen verbunden ist. Es ist wichtig, ethische Richtlinien und Verantwortlichkeiten zu berücksichtigen, um sicherzustellen, dass der Umgang mit Geisterglauben respektvoll, verantwortungsbewusst und sensibel erfolgt.

Respekt vor spirituellen Überzeugungen

Ein wesentlicher Aspekt der Ethik im Umgang mit Geisterglauben ist der Respekt vor den spirituellen Überzeugungen anderer Menschen. Es ist wichtig, die Glaubenssysteme und Praktiken anderer zu respektieren und zu achten, auch wenn sie sich von den eigenen Überzeugungen unterscheiden. Das bedeutet, sensibel und einfühlsam zu sein und die Gefühle und Überzeugungen anderer zu respektieren, auch wenn sie nicht mit unseren eigenen übereinstimmen.

Verantwortungsvoller Umgang mit Geisterjagden und paranormalen Aktivitäten

Bei der Durchführung von Geisterjagden und anderen paranormalen Aktivitäten ist es wichtig, Verantwortung zu übernehmen und sicherzustellen, dass die Privatsphäre und die Rechte der betroffenen Personen respektiert werden. Dies beinhaltet die Einhaltung rechtlicher Bestimmungen, Datenschutzrichtlinien und ethischer Standards bei der Erfassung und Verwendung von Informationen und Daten. Darüber hinaus ist es wichtig, die potenziellen Auswirkungen solcher Aktivitäten auf die betroffenen Personen und Gemeinschaften zu berücksichtigen und sicherzustellen, dass diese nicht negativ beeinflusst werden.

Schutz vor Ausbeutung und Betrug

Ein weiterer wichtiger ethischer Aspekt im Zusammenhang mit Geisterphänomenen ist der Schutz vor Ausbeutung und Betrug. In einigen Fällen können Menschen, die an Geistergläubigkeit leiden oder in Not sind, leicht zum Ziel von Ausbeutung und Betrug werden. Es ist wichtig, vulnerable Personen zu schützen und sicherzustellen, dass sie nicht Opfer von betrügerischen Praktiken werden, die ihre Ängste und Unsicherheiten ausnutzen.

Förderung von kritischem Denken und Aufklärung

Ein wichtiger Aspekt der Ethik im Umgang mit Geisterglauben ist die Förderung von kritischem Denken und Aufklärung.

Es ist wichtig, Menschen dabei zu unterstützen, rationale und informierte Entscheidungen zu treffen und nicht leichtgläubig auf unbewiesene Behauptungen und Versprechungen zu reagieren. Durch Bildung und Aufklärung können Menschen befähigt werden, selbstständig zu denken und rationale Entscheidungen zu treffen, die auf Fakten und Beweisen basieren.

Zusammenfassung

Insgesamt erfordert der Umgang mit Geisterphänomenen eine ganzheitliche Betrachtung ethischer Fragen, die den Respekt vor spirituellen Überzeugungen, die Verantwortung gegenüber betroffenen Personen, den Schutz vor Ausbeutung und Betrug sowie die Förderung von kritischem Denken und Aufklärung umfasst. Durch die Berücksichtigung dieser ethischen Richtlinien und Verantwortlichkeiten können wir sicherstellen, dass der Umgang mit Geisterglauben respektvoll, verantwortungsbewusst und sensibel erfolgt.

Die anhaltende Faszination für Geister

Die Menschheit hat seit jeher eine starke Faszination für das Übernatürliche und insbesondere für Geister gezeigt. Diese Faszination ist tief in unserer Geschichte, Kultur und Psyche verwurzelt und hat im Laufe der Jahrhunderte viele Formen angenommen. Trotz des Fortschritts in Wissenschaft und Technologie und der zunehmenden Rationalisierung unserer Welt bleibt die Anziehungskraft von Geistern und paranormalen Phänomenen bestehen.

Die Vielschichtigkeit des Geisterglaubens

Der Glaube an Geister und das Paranormale ist vielschichtig und wird von verschiedenen kulturellen, religiösen und philosophischen Traditionen geprägt. Von den alten Kulturen bis zur modernen Zeit haben Menschen auf der ganzen Welt an die Existenz von Geistern geglaubt und haben versucht, mit ihnen in Kontakt zu treten oder ihre Anwesenheit zu erklären. Diese Vielfalt an Überzeugungen und Praktiken spiegelt die tief verwurzelte menschliche Neugier und das Streben nach Transzendenz wider.

Moderne Entwicklungen und Technologien

In der modernen Welt hat die Faszination für Geister neue Formen angenommen und wird durch technologische Entwicklungen und populäre Kultur weiter gefördert. Von Geister-

jagden mit hochentwickelten Ausrüstungen bis hin zu Geisterführungen und paranormalen Fernsehshows gibt es eine Vielzahl von Möglichkeiten, sich mit dem Übernatürlichen zu befassen. Moderne Technologien wie EVP (Electronic Voice
Phenomena) und Ghost Hunting Equipment haben es ermöglicht, neue Wege der Kommunikation mit dem Jenseits zu erkunden und paranormale Aktivitäten zu dokumentieren.

Psychologische und kulturelle Dimensionen

Der Glaube an Geister hat auch psychologische und kulturelle Dimensionen, die unsere Vorstellungskraft und unser Verständnis beeinflussen. Psychologen und Anthropologen haben
verschiedene Theorien vorgeschlagen, um den Geisterglauben
zu erklären, von der Projektion innerer Ängste und Konflikte
bis hin zur Verarbeitung von Verlust und Trauer. Kulturelle
Einflüsse spielen ebenfalls eine wichtige Rolle, da der Glaube
an Geister oft eng mit bestimmten kulturellen Traditionen und
Bräuchen verbunden ist.

Ausblick auf die Zukunft des Geisterglaubens

Die Zukunft des Geisterglaubens bleibt ungewiss, aber die Faszination für das Übernatürliche und das Unbekannte wird voraussichtlich bestehen bleiben. Während einige Menschen skeptisch gegenüber paranormalen Phänomenen sind und diese als Aberglauben oder Täuschung betrachten, werden andere weiterhin nach spirituellen Erfahrungen suchen und neue Wege finden, um mit dem Jenseits in Kontakt zu treten. Unabhängig von den Fortschritten in Wissenschaft und Technologie wird der Glaube an Geister und das Paranormale wahrscheinlich weiterhin eine wichtige Rolle in unserer Kultur und Psyche spielen, da er tiefe menschliche Sehnsüchte und Fragen nach dem Leben und dem Tod anspricht.

Über den Autor

Lutz Spilker wurde im Jahre 1955 in Duisburg geboren.

Bevor er zum Schreiben von Romanen und Dokumentationen fand, verließen bisher unzählige Kurzgeschichten, Kolumnen und Versdichtungen seine Feder.

In seinen Büchern befasst er sich vorrangig mit dem menschlichen Bewusstsein und der damit verbundenen Wahrnehmung. Seine Grenzen sind nicht die, welche mit der Endlichkeit des Denkens, des Handelns und des Lebens begrenzt werden, sondern jene, die der empirischen Denkform noch nicht unterliegen.

Es sind die Möglichkeiten des Machbaren, die Dinge, welche sich allein in der Vorstellung eines jeden Menschen darstellen und aufgrund der Flüchtigkeit des Geistes unbewiesen bleiben. Die Erkenntnis besitzt ihre Gültigkeit lediglich bis zur Erlangung einer neuen und die passiert zu jeder weiteren Sekunde.

Die Welt von Lutz Spilker beginnt dort, wo zu Beginn allen Seins nichts Fassbares war, als leerer Raum. Kein Vorne, kein Hinten, kein Oben und kein Unten. Kein Glaube, kein Wissen, keine Moral, keine Gesetze und keine Grenzen. Nichts.

In Lutz Spilkers Romanen passieren heimtückische Morde ebenso wie die Zauber eines Märchens. Seine Bücher sind oftmals Thriller, Krimi, Abenteuer, Science Fiction, Fantasy und selbst Love-Story in einem.

»Ich liebe die Sprache: Sie vermag zu streicheln, zu liebkosen und zu Tränen zu rühren. Doch sie kann ebenso stachelig sein, wie der Dorn einer Rose und mit nur einem Hieb zerschmettern.«

Die Erfindung der Langeweile
Die Erfindung des Menschen
Die Erfindung des Geldes
Die Erfindung des Teufels
Die Erfindung des Erfolgs
Die Erfindung der Sterblichkeit
Die Erfindung der Lüge
Die Erfindung der Freiheit
Die Erfindung des Todes
Die Erfindung der Welt
Die Erfindung des Inselmenschen
Die Erfindung der Zeit
Die Erfindung der Seele
Die Erfindung der Politik
Die Erfindung des Gewissens
Die Erfindung der Religion
Die Erfindung der Schuld
Die Erfindung der Gerechtigkeit
Die Erfindung des Friedens
Die Erfindung des Selbstgesprächs
Die Erfindung der Zukunft
Die Erfindung der Pornographie
Die Erfindung der Verschwendung
Die Erfindung des Erwachsenseins
Die Erfindung der Hölle
Die Erfindung der Überbevölkerung
Die Erfindung des Himmels
Die Erfindung der Monarchie
Die Erfindung der Unterhaltung
Die Erfindung der Sprache

Die Erfindung der Musik
Die Erfindung der Wiedergeburt
Die Erfindung des Zufalls
Die Erfindung der Namen
Die Erfindung des Bewusstseins
Die Erfindung des freien Willens
Die Erfindung des Wahrsagens
Die Erfindung der Körpersprache
Die Erfindung des Schlafs
Die Erfindung der Sklaverei
Die Erfindung der Angst
Die Erfindung der Vernunft
Die Erfindung des Vollmonds
Die Erfindung des Vitamin B
Die Erfindung des Make-Up
Die Erfindung des Weihnachtsfestes
Die Erfindung des Ku-Klux-Klan
Die Erfindung des Träumens
Die Erfindung der Flaschenpost
Die Erfindung der Mafia
Die Erfindung der Freimaurer
Die Erfindung der Freibeuter
Die Erfindung der Raumfahrt
Die Erfindung der Tempelritter
Die Erfindung des ADHS-Syndroms
Die Erfindung der Homöopathie
Die Erfindung der Freizeitparks
Die Erfindung der Geister